AF340952

INSTRUCTION

SOMMAIRE

SUR LA MANIERE DE CULTIVER

LES MURIERS,

ET D'ELEVER

LES VERS A SOIE.

IMPRIMÉ PAR ORDRE DE M. L'INTENDANT DE LYON.

A LYON,

Chez Aimé Delaroche, Libraire-Imprimeur
du Gouvernement & de la Ville, rue Merciere,
à la Couronne d'or.

M. DCC. LV.

AVERTISSEMENT.

IL a paru différents Ouvrages, imprimés, ou manuscrits, touchant la maniere de cultiver les Múriers, & d'élever les Vers à Soie ; mais ils contiennent des détails infinis, & d'ailleurs ces Ouvrages ne sont point aussi répandus qu'il seroit à desirer qu'ils le fussent.

Une Instruction dans laquelle on s'attacheroit à mettre simplement sous les yeux ce qu'il est principalement nécessaire de sçavoir sur cet objet, ne sçauroit être que très-utile ; & c'est ce qui a déterminé à donner celle-ci. On la divisera en autant de parties qu'il sera nécessaire, afin de fixer les idées, & de ne se répéter que le moins qu'il sera possible.

INSTRUCTION

SOMMAIRE

Sur la Maniere de cultiver

LES MURIERS.

PREMIERE PARTIE.

Des Terreins qui font propres aux Mûriers.

LEs expériences faites depuis nombre d'années, ne permettent plus de douter que les Mûriers & les Vers à Soie ne réuffiffent en France dans toutes les Provinces. Les climats chauds, à la

vérité semblent être plus convenables;
mais on éleve aussi avec succès des
Vers à Soie dans des Provinces où
le climat se trouve beaucoup plus
froid que dans d'autres.

Le Mûrier réussit dans toute sorte
de terrein, dans des terres humides
& argileuses, dans celles qui sont
grasses, & dans les sablonneuses, à
quelques expositions qu'elles se
trouvent; mais alors les feuilles
sont plus ou moins propres pour la
nourriture des Vers à Soie; & la
meilleure regle qu'on puisse indiquer
pour faire une plantation utile à
tous égards, c'est que le Mûrier
demande la même terre & la même
exposition que la Vigne, c'est-à-dire,
une terre noirâtre, légere & douce,

fablonneufe, ou caillouteufe, dont l'expofition foit au midi ou au levant, & éloignée d'autres arbres ou haies qui pourroient priver les Mûriers du grand air & du Soleil. Mais il faut avoir attention :

1°. A ce que la terre où l'on feme la graine, ait été bien cultivée, & qu'elle ait été même améliorée à l'avance , comme celle où l'on voudroit femer de la laitue ; qu'elle foit meuble , & plutôt fablonneufe que forte.

2°. A ne choifir jamais un terrein extrêmement gras & amendé, pour mettre les jeunes plants ou pourrette en pépiniere ; ils périroient pour la plûpart lors qu'on les tranfplanteroit à demeure dans une terre légere , maigre & fablonneufe, qui eft celle qui leur convient le mieux. Les Mûriers ne réuffiffent jamais fi bien que lorfqu'ils font plantés dans une pépiniere dont la terre eft de quelques degrés moins bonne que celle où ils doivent être plantés à demeure. Il faut cependant avoir attention que le terrein de la pépiniere ne foit pas trop maigre & fans fubftance, parce qu'alors il ne produiroit que des jets foibles & languiffants.

Des Mûriers les plus propres à la nourriture des Vers à Soie.

Le Ver à Soie fe nourrit de la feuille de Mûrier, de quelque efpece qu'elle foit : il y en a cependant de meilleures les unes que les autres;

& d'ailleurs, comme les différents âges des Vers à Soie demandent une feuille plus ou moins nourriſſante, il convient de planter & de cultiver les quatre eſpeces de Mûriers ſuivantes : ſçavoir,

Le Mûrier blanc, appellé Mûrier d'Eſpagne, qui porte du fruit blanc, des feuilles grandes comme la paume de la main, rondes, finiſſant en pointe en forme de cœur, & dont les feuilles ſont d'un verd foncé, plus épaiſſes que celles des autres Mûriers, & chargées d'un ſuc groſſier & nourriſſant.

Le Mûrier roſe, appellé celui de Rome, porte un fruit d'une couleur cendreuſe : il a les feuilles preſqu'auſſi grandes que le Mûrier d'Espagne, & à peu près de la même figure, mais d'un verd plus clair. Elles font plus luifantes, plus minces, plus tendres , & plus propres à la nourriture des Vers à Soie à tout âge & en tout temps.

Le Mûrier franc , provenant de la femence du Mûrier d'Espagne, produit un fruit couleur de gris de lin , des feuilles de la même forme que celles du Mûrier d'Espagne , mais moins grandes , & propres , comme les feuilles du Mûrier rofe , à donner aux Vers à Soie dans tous leurs âges.

Enfin le Mûrier commun , provenant de la graine de fon efpece, ou de celle du Mûrier franc. Il produit une mûre noire, ou rouge ; les feuilles en font plus petites , plus difficiles par conféquent à cueillir , & leur fuc eft peu nourriffant.

CES quatre efpeces de feuilles font bonnes de leur nature, & peuvent être données , en commençant par celles qui ont le moins de fuc, ainfi qu'on l'expliquera à l'article de la nourriture des Vers à Soie ; cependant comme la greffe perfectionne la feve , on confeille d'enter avec la greffe des Mûriers rofes, ceux qui ne font point de l'efpece du Mûrier d'Efpagne, & d'en enter une certaine quantité, de quelque efpece qu'ils foient , avec la greffe du Mûrier d'Efpagne , afin d'avoir les efpeces & les qualités de feuilles qu'on donne par préférence aux Vers à

Soie, dans le temps où ils en mangent beaucoup.

De la Graine du Mûrier , de la maniere
de la préparer & de la femer , & des
autres moyens de multiplier cet arbre.

L A femence de Mûrier n'eft autre
chofe que la graine qu'on trouve
dans les groffes mûres blanches qui
tombent des arbres.

Pour faire la graine , on met dans
un baquet les groffes mûres blanches
qu'on a ramaffées, & qui font tombées
des meilleurs arbres , & on les y
laiffe vingt - quatre heures. On les
y écrafe enfuite avec les pieds , ou
avec les mains ; on y verfe de l'eau
à mefure , on la laiffe repofer , on
jette toute l'ordure qui eft deffus ,

on verfe l'eau enfuite en inclinant le baquet pour que la bonne graine refte au fond, & on continue à y mettre de l'eau & à la jeter, jufqu'à ce que la graine foit nette ; après quoi on la fait fécher, & on la vanne pour en ôter toute la pouffiere. Cette graine ne fe conferve qu'une année.

La graine peut fe femer auffi-tôt qu'elle a été recueillie, c'eft-à-dire, vers le mois de Juillet ; mais on préfere les mois de Mars & d'Avril.

Pour femer la graine, on fait fur la terre préparée pour la recevoir, des rayons de cinq à fix pouces de largeur, & de trois à quatre de profondeur, bien unis, diftants de deux pieds les uns des autres ; on feme la graine dans ces rayons, comme celle de laitue, mais moins dru, & on la couvre d'un demi-pouce de terre.

LA planche où l'on feme la graine, doit être à l'abri du mauvais vent, foit par une muraille, ou par une haie.

ON peut encore fe procurer des Mûriers par boutures & par provignement ; ces arbres en font fufceptibles comme bien d'autres ; & tous les Jardiniers fçavent comment les boutures & le provignement fe font : mais il eft fi aifé de multiplier cet arbre au moyen de la graine, la pourrette coûte fi peu, & elle eft fi aifée à tranfporter, qu'il femble qu'on peut s'en tenir à la femence des Mûriers.

De la Culture de la Pourrette.

LA culture de la pourrette après la femence, confifte feulement à arracher les herbes, à arrofer à propos, fur-tout pendant les chaleurs; à répandre au commencement de l'Hyver fur les planches, un peu de fumier, & à couvrir les planches avec des claies ou de la paille, pour les garantir du froid.

IL y a des gens qui prétendent auffi qu'il convient dans les premiers temps de garantir ces jeunes plants de la trop grande chaleur, qui les fécheroit & les brûleroit.

LORSQU'ON arrofe avant que les plants foient fortis, ou lorfqu'ils commencent à paroître, il faut avoir attention à se servir d'un arrosoir, afin que l'eau ne détrempe point trop la terre, ne découvre pas la graine, ou ne déracine & n'entraîne les petits jets.

Sɪ l'on s'apperçoit lorsque les jeunes jets commencent à sortir de terre, qu'ils soient trop pressés, il faut les éclaircir, pour que ceux qui restent puissent prendre la nourriture suffisante.

Du Temps de mettre la Pourrette en pépiniere, de sa Culture, & de la Greffe.

Lᴀ Pourrette se transplante dans les pépinieres au mois de Mars ou d'Avril.

Eʟʟᴇ est en état d'y être transplantée un ou deux ans après qu'elle a été femée , fi elle eft groſſe comme un tuyau de plume : mais comme tous les jets n'ont pas pouſſé avec la même vigueur , on ne doit tranf-planter que ceux qui font de cette groſſeur , & laiſſer les autres fe fortifier juſqu'à l'année fuivante.

La Pourrette de la groſſeur mar-quée ci-deſſus , peut fe tranſporter au loin fort aiſément, & fans qu'elle en fouffre. Pour cet effet on enliaſſe les jets par centaine ; on enveloppe les racines avec un peu de terre , & on arrofe pendant la route la toile qui les enveloppe, ou la caiſſe où l'on peut les mettre , & à laquelle on fait des trous deſſus & deſſous.

En plantant la pourrette , il faut couper le bout des groſſes racines , jusqu'au niveau de celles qui ne forment qu'une espece de barbe, & couper le jet à quatre ou cinq pouces de terre.

La meilleure façon de planter la pourrette dans les pépinieres, est de tirer au cordeau des tranchées ou rigoles, de six à sept pouces de profondeur & autant en largeur, dans lesquelles on arrange les racines, qu'on recouvre ensuite en foulant également la terre qui les environne. Mais on peut aussi planter à la cheville, pourvu qu'on ait eu l'attention de faire miner, à un pied & demi ou deux pieds, tout le terrein où l'on veut planter la pourrette : & quant à la distance à mettre entre les jeunes plants, on estime qu'elle doit être de deux pieds & demi en tout fens, obfervant de les planter en échiquier, ce qui donne plus de facilité pour les travailler.

La culture à faire à ces pépinieres fe borne à en arracher les herbes, à remuer la terre quatre ou cinq fois l'année, & à l'arrofer dans le temps des grandes chaleurs : mais lorfque les jeunes plants ont commencé à pouffer, s'ils ont produit deux ou trois jets, il faut n'en laiffer qu'un & choifir celui qui paroît être le plus vigoureux & le mieux difpofé pour former la tige. Dans les mois de Juillet, Août ou Septembre, il faut étayer ce jet, de tout ce qu'il a pouffé à un pied feulement de terre : & fi l'on s'appercevoit au mois de Mars fuivant, c'eft-à-dire, un an après la plantation dans la pépiniere, que de jeunes plants n'euffent pas pouffé vigoureufement, il faut les couper à cinq ou fix pouces de terre ; les racines fe fortifieront davantage, & le jet n'en deviendra que plus beau.

On peut enter les Mûriers fur branches, trois ans après qu'ils ont été plantés à demeure dans les terres; mais il vaut beaucoup mieux enter fur pied, lorfque les arbres font dans la pépiniere.

La faifon d'enter les arbres dans la pépiniere, eft au commencement de Juillet ou au plus tard dans les premiers jours d'Aout, en choififfant un temps fec & chaud : on peut auffi enter dans le Printemps & auffi-tôt que l'on peut fe procurer les premieres greffes de cette faifon ; mais il faut toujours , pour greffer ces jeunes plants , que le jet ait environ deux pouces de circonférence , parce que s'il étoit trop petit , on ne fçauroit y placer la greffe. Il convient de greffer par préférence avec des greffes de Mûrier rofe, dont l'efpece eft très-bonne ; & il fuffit d'avoir une douzieme partie des Mûriers d Efpagne.

La greffe à écuffon & à la flûte font également convenables ; mais lorfqu'on greffe à écuffon , il faut que ce foit à un demi-pied de terre , ou le plus bas qu'il eft poffible , pour que l'endroit greffé puiffe être enterré lorfqu'on tranfportera l'arbre

Lorsque l'on greffe la pourrette

dans le mois de Juillet ou d'Août,
il faut néceffairement couper dans
le mois de Mars ou d'Avril fuivants,
les jets qui auront pouffé à deux
ou trois pouces au deffus de l'ente,
parce qu'il faut que le Mûrier
pouffe toute la hauteur qu'il doit
avoir dans une année : mais fi l'on
greffe dans le mois d'Avril, comme
l'arbre aura fait tout fon crû dans
la même année, il devient inutile
de le couper l'année d'après ; il
fuffira d'en pincer le jet lorfqu'il
aura atteint la hauteur de fix pieds,
afin de l'arrêter & de faire groffir
la tige.

Du temps & de la maniere de planter les Mûriers à demeure.

Un arbre qui eſt depuis trois ans dans la pépiniere, s'il eſt bien venu & s'il a bien réuſſi, peut avoir environ quatre pouces & demi de circonférence & ſix pieds de haut, qui eſt à peu près la hauteur à laquelle on a dû le tenir. S'il eſt de cette groſſeur, ſi les branches & l'écorce ſont unies, de la couleur d'un verd d'eau, la tête petite, les branches d'un pouce de groſſeur, montant en demi-cercle, & les bourgeons gros, il eſt de bonne qualité & en état d'être tranſplanté. Mais au contraire ſi l'arbre eſt mouſſeux, l'écorce ſeche & de couleur gris-brun, la tête groſſe, boſſue , cicatriſée , les branches minces, allongées horizontalement & la pointe pendante vers les racines , l'arbre eſt alors de mauvaiſe qualité , & il vaut mieux le jeter que de lui faire occuper une place à laquelle il eſt plus utile de mettre un bon arbre.

La ſaiſon de planter le Mûrier à demeure , eſt au Printemps , c'eſt-à-dire , depuis le commencement de Mars , juſques vers le mois d'Avril, ſi le terrein eſt d'une nature légere ; & en Automne, depuis la fin d'Octobre, juſques vers la fin de Décembre , ſi la terre eſt forte & ſujette à retenir l'eau. Mais les connoiſſeurs prétendent qu'il vaut toujours mieux planter en Automne , parce que l'arbre

pouſſant

pouffant quelques chevelus pendant l'Hyver, il avance beaucoup plus ; au lieu qu'étant planté au mois de Mars, & la feve montant tout de fuite, il ne pouffe pas fi bien, ni avec autant de vigueur.

Les creux pour planter les arbres, doivent avoir environ fix pieds en quarré, fur deux pieds & demi de profondeur. S'ils font dans une terre forte, il faut leur donner plus de profondeur; mais il faut toujours les faire faire quatre ou cinq mois d'avance, dans quelque faifon que l'on plante.

La diftance des arbres doit varier fuivant la nature du terrein, & la façon dont les arbres font plantés.

En bordure, le long d'un champ, ou pour former une avenue, on peut

mettre les Mûriers de quinze à dix-
huit pieds les uns des autres & à la
même diſtance des foſſés.

Si l'on remplit une terre fertile
& qu'on veuille enſemencer, il faut
les mettre de trente-ſix à quarante
pieds. Si la terre étoit d'une qualité
médiocre, on pourroit les mettre
de vingt-quatre à trente pieds ; mais
s'il n'y avoit aucun labour à y faire,
on peut les mettre de quinze à dix-
huit pieds de diſtance les uns des
autres.

Il faut avoir attention d'arracher
les arbres le plus adroitement qu'il
ſera poſſible, afin d'avoir toutes les
racines, ſans en offenſer aucune ; &
ſi l'on doit les tranſporter au loin,
il faut envelopper les racines dans de

la paille`, & les conserver le plus fraîchement que l'on pourra ; mais avant que de planter l'arbre, il faut avoir attention de couper les racines qui pourroient avoir été froissées, déchirées ou rompues, ainsi que le simple bout de toutes les autres. Il faut aussi couper à cet arbre toutes les branches qu'il a poussées, à l'exception de deux ou trois des mieux disposées, que l'on laisse pour former la tête, en les réduisant à deux ou trois pouces de longueur. Mais il faut faire en sorte de laisser à chaque branche un ou deux yeux, c'est-à-dire, un ou deux petits bourgeons, d'où sortent ordinairement les branches, & préférer les bourgeons qui seront placés en dehors de l'arbre, parce qu'on lui donne par là plus facilement la forme qu'il doit avoir.

Pour planter l'arbre, si c'est dans une terre légere, & que le creux n'ait environ que deux pieds & demi de profondeur, on doit commencer par jeter dans le fond un demi-pied de bonne terre, c'est-à-dire, de celle qui est sur la surface des champs labourés ; on y pose & on y arrange les racines, & on remplit ensuite le creux de la terre qui en a été ôtée, & dans laquelle on conseille de mettre une demi-charge de fumier.

Mais si l'arbre devoit être planté dans une terre forte, grasse, ou argilleuse, comme le creux doit être alors plus profond, il convient d'y jeter quelques fagots de feuillages, coupés, plufieurs jours auparavant, fur le buis, fur le chêne, fur l'orme ou fur quelqu'autre efpece d'arbre. Ces feuillages qu'on couvre de terre légere avant d'y mettre l'arbre, rendent la terre meuble, font que les racines s'y étendent plus facilement ; & d'un autre côté lorfque ces feuillages fe pourriffent, ils fervent de fumier & tiennent la terre fraîche.

Des foins que demande le Mûrier planté à demeure.

La terre où eft planté le Mûrier, exige trois ou quatre cultures au pied des racines & à la diftance de fix pieds au tour, pendant les dix premieres années, fi c'eft une terre neuve en friche ; mais fi c'eft une

terre enfemencée , la culture ordinaire peut fuffire. Il eft à propos
de ne rien femer les premieres années
dans la même diftance de fix pieds ,
afin que les Mûriers prennent plus
de nourriture. Il feroit auffi fort
utile de pouvoir les arrofer les trois
premieres années , deux ou trois fois
pendant les grandes chaleurs de l'Eté,
avec de l'eau de riviere ou de ruif-
feau , fi l'on ne peut avoir de celle
d'une mare bourbeufe. On regarde
comme néceffaire pour un meilleur
fuccès & pour avoir une feuille plus
abondante , d'enterrer tous les trois
ans , à un pied de profondeur , une
demi-charge de fumier d'écurie, qui
ne foit pas trop fait , & d'en augmenter la quantité jufqu'à une charge

par pied , lorfque le Mûrier a plus de trente ans. Les feuilles de Mûrier, ou couches , qu'on retire de deffous les Vers à Soie , font le meilleur fumier , & il en faut la moitié moins que du fumier ordinaire : mais au lieu de fumier , on peut enterrer au pied de l'arbre quelques paquets de buis , lorfqu'on en a.

ON confeille de ne pas dépouiller la premiere année les Mûriers de leur feuille, qui les garantit de l'ardeur du Soleil , & de ne point les tailler cette premiere année , parce que la feve en couleroit par la taille , mais feulement de couper tous les bour- geons qui fortiront depuis le pied de la tige jufqu'à la tête , & de ne commencer qu'au mois d'Avril de la feconde année, à leur former la tête, en coupant les jets du centre, ceux qui le traverferoient ou qui pencheroient vers les racines, & en n'en laiffant à la même hauteur, que trois ou quatre des plus vigoureux & des mieux difpofés pour arrondir l'arbre. Mais fi l'on s'apperçoit la premiere ou la feconde année qu'un Mûrier n'ait pas pouffé des jets auffi vigoureux que les autres, il faut en couper les branches à quatre ou cinq pouces de la tige.

ON doit continuer jufqu'à la douzieme année à tailler l'arbre, en s'occupant toujours à lui donner une belle forme ; mais enfuite il fuffit de le tailler tous les trois ans.

IL eft fur-tout indifpenfable en

plantant le Mûrier à demeure, d'y mettre un échalas pour le foutenir contre les grands vents & empêcher que les racines ne fe dérangent ; mais il faut mettre de la paille entre l'échalas & la tige , pour garantir l'écorce de l'arbre , & l'entourer avec des ronces , pour le préferver des beftiaux.

On ne croit pas devoir omettre de parler d'un accident qui arrive quelquefois après que les Mûriers font plantés dans les lieux où on a la facilité ou le foin de les arrofer fouvent. On en trouvera peut-être quelques-uns dont la feuille jaunit malgré l'attention qu'on apporte à leur culture , & quelquefois même quoique les Mûriers voifins foient en bon état ; cela provient de ce que la terre fur laquelle portoient les racines s'étant affaiſſée par la pluie ou les arroſages, les racines ſe trouvent dans un vuide, & ne peuvent pas prendre une nourriture ſuffiſante. Lorſque cela arrive, il convient de déraciner l'arbre avec précaution, & le replanter ſur le champ, de façon à faire porter les racines ſur la terre qui ſe feroit affaiſſée.

Fin de la premiere Partie.

INSTRUCTION

SOMMAIRE

SUR LA MANIERE D'ÉLEVER

LES· VERS A SOIE.

SECONDE PARTIE.

De la Qualité de Graine qu'il faut mettre couver, relativement à ce qu'on a de feuille de Mûrier.

COMME il est essentiel de proportionner la graine qu'on met couver, avec la quantité de feuille dont on s'est assuré, il convient toujours de peser la graine.

ON compte qu'il faut communément feize à vingt quintaux de feuilles pour une once de graine qui réuffit bien. Mais fi l'on mettoit couver une grande quantité de graine, il ne faudroit peut-être pas autant de feuille pour chaque once, attendu que fi l'on met, par exemple, fix onces de graine, il périra fix fois plus de Vers que fi on n'en mettoit qu'une once, à caufe de la grande attention qu'exige l'éducation de ces infectes.

IL femble qu'on peut parvenir aifément à fçavoir le nombre de quintaux de feuille qu'il y a environ fur les arbres dont on fe feroit affuré. Pour cet effet il faut dépouiller entiérement un feul arbre, & en peser la feuille. Le poids qu'en aura produit un arbre, plus ou moins gros, peut faire juger de ce qu'il y en a sur chacun des autres, suivant leurs différentes grosseurs, ou qu'ils seront plus ou moins chargés de feuilles.

Lorsqu'on a mis plus de dix onces de graine, il faut en faire plusieurs chambrées; une seule donneroit trop d'embarras. Mais il convient de n'élever que peu de Vers à Soie à la fois dans les commencements, où les pratiques nécessaires ne sont pas encore bien connues.

On prétend qu'une once de graine bien soignée produit, si elle a un bon succès, quatre-vingt livres de cocons.

Temps de faire couver la Graine.

IL n'y a point de temps fixe pour commencer à faire couver la graine, cela dépend des saisons & des climats.

LA seule attention qu'on doive avoir, est de ne jamais faire couver la graine, que lorsque la feuille des Mûriers commence à paroître sur les arbres plantés à demeure, afin d'être assuré de ne point manquer de feuille pour la premiere nourriture des Vers à Soie, ainsi que pendant tout le temps qu'ils vivent.

ON pourroit la mettre couver un peu plutôt si l'on avoit des pépinieres de Mûriers : la feuille paroît plutôt à ces jeunes arbres , & les Vers à Soie feroient en état de faire eurs cocons avant les plus grandes chaleurs de l'Eté, qui leur font fort contraires.

Maniere de faire couver la Graine.

POUR faire couver la graine , il faut la mettre par trois onces dans un fachet , ou dans un morceau de linge qu'on noue enfuite , & on tient le nouet aifé , de façon qu'il y ait autant de vuide que de plein.

CE fachet , ou nouet , doit être tenu dans un endroit chaud , où la chaleur fe conferve à peu près la même pendant environ dix jours que les Vers mettent à éclore : s'ils n'étoient point éclos dans ce temps là, il faut augmenter un peu la chaleur.

Pour entretenir le degré de chaleur néceſſaire , on met le nouet
pendant la nuit ſous le matelas d'un
lit où l'on couche ; & pendant le
jour on porte le nouet ſur ſoi , &
aſſez près du corps pour lui conſer-
ver un degré de chaleur convenable ,
mais il faut avoir attention de ne pas
le mettre ſur la chair.

D'autres mettent le nouet à côté
d'une cheminée où l'on entretient
un feu à peu près égal ; ou bien dans
les petites chambres que les Boulan-
gers ont derriere le four.

Comme la chaleur du vingt-deux
au vingt-quatrieme degré au-deſſus
de la congelation , ſuivant le thermometre de Monſieur de Reaumur,
eſt le degré le plus convenable pour

faire

faire éclore la graine , il feroit à fouhaiter que lorfqu'on met la graine près de la cheminée , ou près d'un four , on mit auffi ce thermometre à côté de la graine , & qu'on éloignât ou rapprochât l'un & l'autre , de façon à entretenir à la graine ce même degré de chaleur. Au furplus les perfonnes qui ne feront pas à même de pratiquer cette méthode , ou qui la trouveront trop embarraffante , pourront fe contenter de mettre la graine fous un matelas pendant la nuit , & de la porter fur eux pendant le jour.

Il a été obfervé que la chaleur du corps humain peut faire monter le thermometre jufqu'au trentedeuxieme degré & demi. Comme la

D

chaleur qu'il convient d'entretenir, est celle du vingt-deux au vingt-quatrieme degré, on peut juger par le degré de chaleur que prend le nouet tenu sur la chair même , de combien il faut l'en éloigner pour lui donner le degré convenable.

Les Vers naissent noirs, si la chaleur n'a pas été précipitée ; si elle l'a été, ils naissent roux, & ils ne sont pas encore par là à rejeter : mais s'ils naissent rouges , ce qui arrive par une trop grande chaleur , il faut les jeter & mettre couver de la nouvelle graine , si l'on s'en trouve , & si la saison n'est pas alors trop avancée.

En Languedoc on met jusqu'à vingt onces de graine dans un même fachet , ou nouet. On fe contente pendant le jour de tenir le nouet dans un morceau d'étoffe qu'on chauffe de temps en temps & qu'on dépofe dans la chambre la plus chaude , & pendant la nuit on le met fous un matelas. On le place d'abord au pied du lit , & on l'avance tous les jours , en forte qu'au dixieme jour la graine fe trouve placée fous le dos de la perfonne qui y eft couchée.

ON préfere même en Languedoc cette méthode à celle de porter la graine fur foi , à caufe de l'inconvénient de la fueur & de la tranfpiration.

APRÈS le quatrieme jour il convient d'ouvrir le nouet tous les jours & de remuer un peu la graine, pour lui faire prendre l'air.

IL y a des gens qui avant de mettre la graine couver, la trempent dans du vin , & la font fecher enfuite ; mais on croit cette méthode contraire à la chaleur que demande la graine pour éclore.

Graine commençant à éclore.

LA graine eft prête à éclore lorf-que de noir ou grifatre qu'elle étoit, elle devient blanche ; cela arrive ordinairement dans le neuvieme ou le dixieme jour ; alors on la met de trois en trois onces dans des boîtes de fapin bien feches , qui n'aient aucune odeur & dans lef-quelles on a colé du papier.

DES personnes mettent tout simplement cette graine dans ces boîtes sur le papier, mais il est plus convenable de l'étendre dans la boîte sur le linge ou sur quelque morceau de mousseline, parce que le linge étant moins uni que le papier, le Ver a plus de facilité pour se dépouiller & pour sortir de la graine.

IL faut avoir attention que la boîte soit assès grande, pour que la graine n'ait qu'environ sept à huit lignes d'épaisseur.

ON met sur la graine une feuille de papier découpé & troué, pour que les Vers sortent par les petits trous ; mais pour leur en faciliter davantage les moyens, il convient d'étendre entre la graine & le papier, un peu de chanvre ou du lin non filé, parce que les Vers s'y attachent, & qu'en fuivant les fils du chanvre ils trouvent plus facilement le moyen de fortir au deffus du papier.

Il faut avoir attention de tenir chaudement cette boîte jufqu'à ce que les Vers à Soie en foient entiérement fortis ; on peut pour cet effet l'expofer au Soleil, mais dans ce cas il faut la couvrir de quelque linge ou étoffe , pour que la boîte ne foit pas trop pénétrée des rayons du Soleil.

Maniere d'élever les Vers à Soie après qu'ils font éclos.

Pour fortir les Vers à Soie de la boîte , à mefure de leur naiffance , on étend fur la feuille de papier, des feuilles de Mûrier : les Vers à Soie qui fortent par les petits trous, s'attachent aux feuilles; & lorfqu'on voit ces feuilles fuffifamment chargées de ces petits animaux , on releve les feuilles avec les Vers qui y tiennent, pour les dépofer ailleurs. On continue à mettre des feuilles de Mûrier jufqu'à ce que les Vers foient tous fortis de la boîte , & cette opération fe renouvelle plus ou moins de fois par jour , fuivant qu'on s'apperçoit que les Vers à Soie fortent plus ou moins vîte.

Des Mues ou Maladies des Vers à Soie.

LES Vers à Soie ont quatre mues ou maladies. La premiere commence ordinairement neuf à dix jours après leur naiſſance, & quelquefois quatre ou cinq jours plus tard, lorſque le temps eſt froid. Les autres maladies leur viennent communément de ſept en ſept jours, ce qui peut cependant être avancé d'un jour, ſi l'air de la chambre eſt chaud, ou retardé de deux ou trois jours, ſi l'air eſt trop froid.

LES marques de cette maladie ſont toujours les mêmes : les Vers s'enflent un peu, leur tête ſur-tout, & deviennent luiſants, froids & roides ; ils ceſſent de marcher & de manger, reſtent en cet état vingt-quatre heures, quelquefois juſqu'à quarante, & ils ſe dépouillent enſuite de leur peau. On reconnoît ceux qui

ſont

font fortis de maladie, en ce qu'ils font plus roux que les autres, & qu'ils ont le muſeau beaucoup plus large, qu'ils tournent de tous côtés & qu'ils vont fur le côté de la claie ou du rayon, comme pour fortir de l'ordure où ils font

Temps auquel il faut changer les Vers à Soie.

On change les Vers à Soie en les ôtant de la boîte dans laquelle la graine a été miſe, & à meſure qu'ils naiſſent. On les change encore à la premiere maladie, à la ſeconde & à la troiſieme ; mais depuis la dernier maladie juſqu'à ce que les Vers montent, on doit les changer tous les deux jours. Changer les

Vers, c'eſt les tranſporter d'un rayon ſur un autre, & les ſéparer de leur couche, c'eſt-à-dire, de l'eſpece de litiere qui s'eſt formée au deſſous d'eux, par les parties de la feuille que les Vers ne mangent point.

Maniere de changer les Vers à Soie.

O n change les Vers à Soie en enlevant, & en portant ſur les deux mains, d'un rayon à l'autre, les feuilles de Mûrier nouvellement placées, & ſur leſquelles les Vers ſont montés pour les manger. Cette opération ſe fait aiſément, parce que les feuilles ſe détachent ſans peine de l'ancienne couche, & que les mêmes Vers étant comme attachés ſur pluſieurs feuilles en même temps , elles fe tiennent les unes aux autres.

Mais après la derniere maladie , & lorfqu'il eft queftion de porter les Vers à Soie dans les cabanes , on peut les tranfporter fur la main, ou dans une affiette vernie , pour qu'ils ne s'attachent point , ce qui fait perdre moins de temps.

Il y a une autre méthode pour changer les Vers à Soie , c'eft d'avoir des filets de la grandeur des tablettes , ou rayons , & bordés à droit & à gauche de deux petites baguettes fort légeres. En mettant ces filets fur les rayons , lorfque les Vers commencent à fortir de maladie , & en jettant des feuilles fur les filets , tous les Vers à Soie qui ne font plus malades , paffent par les mailles des filets , pour monter fur les feuilles , alors on leve le filet des deux mains , & on le tranf-porte avec les feuilles fraiches & les Vers , à une autre place. On perd moins de temps avec ces filets , & on eft affuré par-là d'enlever chaque fois tous les Vers fortis de maladie , parce qu'il n'y a que ceux - là qui montent fur les feuilles ; en fuivant ainfi toutes les tablettes , & en re-venant enfuite à celles fur lefquelles il étoit refté des Vers malades , on eft affuré de réunir fur les mêmes rayons les Vers fortis en même-temps de maladie.

Il faut que les filets foient d'un fil affez fin pour ne pas pefer fur les Vers , & que les mailles foient affès larges pour donner paffage aux Vers , mais affès ferrées pour retenir la feuille de Mûrier qu'on , jetté deffus les filets.

Dans tous les changements , il ne faut jamais tranfporter l'ancienne couche d'un rayon à l'autre , mais au contraire la faire fortir de la chambre, à mefure qu'on les débarraffe , parce que la fermentation cauferoit trop de chaleur.

Mettre enfemble les Vers à Soie
également avancés.

Il feroit à defirer que les Vers à Soie fe fuiviffent au même degré de croiffance, & qu'ils euffent enfemble les mues ou maladies qui leur font ordinaires , rien ne seroit plus commode dans la suite pour tous les soins qu'ils demandent.

Cela peut arriver lorsque les Vers font tous éclos le même jour, qu'ils ont été tenus dans des endroits également tempérés , & que leur nourriture a été exactement la même : mais comme cela eſt rare , il eſt néceſſaire d'avoir les attentions ſuivantes.

Il faut mettre les Vers qu'on leve, auſſi-tôt qu'ils font éclos, dans des boîtes ſéparées, & ne pas mettre enſemble ceux qui font éclos des jours différents : il ſeroit même à ſouhaiter qu'on pût ſéparer les Vers de chaque levée ; quelques heures plutôt de naiſſance avançent beaucoup les

Vers dans les autres différents degrés par où ils ont à paffer.

Lorsqu'on change les Vers à chaque maladie, il ne faut pas mettre fur un même rayon tous ceux d'un autre rayon, à moins qu'ils n'euffent mué tous à la fois, & qu'ils ne fuffent fortis enfemble de leur maladie ; il faut placer fur un même rayon, jufqu'à ce qu'il foit rempli, tous les Vers à Soie qu'on leve en même-temps, ou le même jour, de différents rayons, & continuer de même à chaque maladie ; au moyen de quoi, fi vous ne pouvez pas entretenir tous les Vers d'une chambrée au même degré de croiffance, vous y entretenez du moins ceux de plufieurs rayons, & par-là tous les

Vers à Soie d'un même rayon arrivent en même temps à leur maturité & à la monte.

LORSQU'ON voit que les Vers à Soie ne font pas également avancés, on peut y remédier en donnant un peu plus à manger à ceux qui font retardés, & un peu moins à ceux qui font avancés.

Lieux où les Vers à Soie peuvent être logés, & fur quoi ils peuvent être placés.

ON peut loger les Vers à Soie dans toutes fortes de chambres, ou raiz de chauffées qui ne font point expofés à l'humidité, au froid, ni à la trop grande chaleur ; mais il convient, autant qu'il eft poffible,

que l'endroit foit expofé au levant
ou au midi , qu'il y ait une cheminée
pour échauffer la chambre dans le
befoin , & fur-tout des portes & des
fenêtres qui ferment exactement.
Les Vers à Soie peuvent être mis
d'abord dans des boîtes , enfuite
dans des corbeilles plates , fur des
tables , & en un mot fur toutes
fortes de planches , ou fur de grandes
claies faites avec de l'ofier , des
rofeaux ou des cannes : mais quand
on éleve une certaine quantité de
Vers à foie, il devient indifpenfable
de faire conftruire différents étages
de tablettes, ou rayons , élevés d'un
pied & demi de diftance les uns des
autres. On leur donne toute la longueur qu'on peut , & la largeur d'une

toife au plus,& on les place de façon
qu'on puiffe paffer tout au tour ;
au moyen de quoi, on place une plus
grande quantité de Vers à Soie dans
une même piece. D'ailleurs, comme
les Vers à Soie craignent le Soleil
& le grand jour , ils font beaucoup
plus tranquilles fur ces rayons, &
moins expofés au grand jour ; & d'un
autre côté ces rayons deviennent
néceffaires à la maturité, pour éta-
blir les cabanes dont on parlera dans
la fuite.

COMME les Vers occupent plus
d'efpace à mefure qu'ils groffiffent ,
il faut augmenter les tables & les
rayons à chaque changement , & en
avoir toujours de prêts aux appro-
ches des mues ou maladies.

Chaleur à entretenir dans les chambre.

C'eſt un des articles qui demandent le plus d'attention pour la bonne réuſſite des Vers à Soie, & pour les préſerver des maux auxquels ils ſont ſujets.

Ces maux peuvent leur être cauſés par la mauvaiſe qualité de la feuille, ou par une trop abondante nourriture ; mais ils ſont plus ſouvent occaſionnés par trop d'humidité, par trop de froid, ou par une trop grande chaleur.

Suivant les différentes expériences qui ont été faites, la température la plus favorable pour les Vers à Soie, après qu'ils ſont éclos, eſt celle qui fait monter le thermometre

de M. de Reaumur au feizieme degré
au deffus de la congelation. On feroit
affuré d'un heureux fuccès , fi on
vouloit s'affujettir à cette méthode.
Toutes fortes de thermometres ,
même les plus communs , feroient
également bons , & il ne feroit
queftion que de marquer fur les
thermometres ordinaires par des
traits *diftinéts* , le point qui corref-
pondroit au feizieme degré de celui
de M. de Reaumur , ainfi que les
autres degrés dont on auroit befoin
pour le temps que la graine eft mife
couver ; ce qui fe feroit aifément,
en mettant les deux thermometres
à côté l'un de l'autre. Une fois qu'un
de ces thermometres auroit été réglé,
il ferviroit à en régler plufieurs autres.

ON doit avoir attention à ce que le thermometre ne monte pas trop haut par l'effet d'un trop grand feu, lorſque la chambre eſt fermée, & ſur-tout par la chaleur que cauſe la fermentation des vieilles couches.

LA ſaiſon étant ordinairement fort avancée lorſque les Vers à Soie approchent de leur maturité, il arrive ordinairement que malgré qu'on rafraichiſſe la chambre en y faiſant entrer l'air extérieur, on ne peut parvenir à faire deſcendre la liqueur juſqu'au ſeizieme degré; mais dans ce cas il n'y auroit rien à craindre, la chaleur naturelle de l'air n'étant point dangereuſe, lorſque celui de la chambre eſt continuellement renouvellé.

S'il ne faisoit point d'air dans le temps des chaleurs , il faut donner à la chambre toute la fraicheur que l'on peut , en laissant même les fenêtres ouvertes pendant la nuit s'il le falloit.

Au défaut des thermometres , on doit au moins observer que depuis la premiere maladie jusqu'à la montée , il faut entretenir une température moyenne , & qui soit toujours à peu près la même. Or, comme il ne fait point assez chaud au commencement , que l'air se trouve à peu près tempéré quand les Vers sont vers la troisieme & quatrieme maladie , & qu'il fait chaud ensuite , il faut avoir attention de tenir la chambre fermée au commencement, faire du feu jufques vers la troifieme maladie , & retrancher enfuite le feu , en tenant cependant fermé pendant quelque temps ; mais depuis la quatrieme maladie , jufqu'à ce que les cocons font faits , on peut tenir tout ouvert , en obfervant néanmoins de fe conduire felon le temps ; c'eft-à-dire , que fi le temps varie pour le degré de chaleur , il faut augmenter ou diminuer la chaleur à propos.

De la Feuille de Mûrier à donner aux Vers à Soie.

LE détail dans lequel on eft entré au chapitre des Mûriers , fait connoître les différentes efpeces de cet arbre les plus convenables aux Vers à Soie. Il reste à expliquer quelles feuilles leur sont les plus propres, suivant leurs différents âges, & ce qu'il faut observer avant que de leur donner à manger.

PLUSIEURS expériences ont fait connoître que les Vers à Soie nourris avec une feuille cueillie dans un terrein sec , réussissent beaucoup mieux , rendent plus de cocons & sont moins sujets aux maux qui les font mourir , que ceux qui sont nourris avec une feuille ramassée dans un terrein extrêmement gras. D'où il faut conclure qu'une feuille qui a trop de suc , est la moins propre aux Vers à Soie , qui , par leur nature étant d'une substance froide , visqueuse & très-humide ,

ont

ont befoin d'une nourriture qui corrige cette fubftance. En partant de ce principe il faut faire attention :

1°. De donner dans les premiers âges la feuille qui a le moins de fuc, parce qu'alors le Ver à Soie demande moins de nourriture ; de donner d'une feuille plus nourriffante à mefure que le Ver à Soie groffit , & garder la feuille de Mûrier d'Efpagne à la grande feuille pour la donner après la quatrieme maladie, & jufqu'à ce qu'ils foient mis dans les cabanes.

2°. Dans le cas où l'on feroit obligé de donner trop tôt une feuille trop nourriffante par fa nature, il convient de diminuer fon fuc.

On peut y parvenir en ne donnant cette feuille qu'après l'avoir gardée deux, trois & jusques à quatre jours, dans des sacs, ou dans des cuviers, ou enfin le temps nécessaire pour qu'elle ait perdu cette abondance de suc & d'humidité intérieure, funeste aux Vers à Soie dans tous les temps de leur vie, mais encore plus lorsqu'ils sont jeunes. En général il vaut mieux donner la feuille fanée que trop fraichement cueille, parce qu'alors les Vers la mangent avec trop d'avidité & s'engorgent.

IL ne faut jamais ramasser la feuille mouillée de la rosée, de la pluie, ou des brouillards ; ces sortes d'humidités peuvent faire devenir les Vers à Soie ce qu'on appelle *gras* ; ainsi il faut attendre pour ramasser la feuille, qu'il ne reste plus de rofée , & que les brouillards fe foient diffipés.

Si par une pluie continuelle pendant plufieurs jours on étoit forcé de ramaffer la feuille , il faut abfolument la faire fécher en l'étendant ou en la preffant avec des linges , mais jamais auprès du feu.

Il ne faut jamais donner la feconde feuille que pouffent les Mûriers après avoir été dépouillés de leur premiere feuille.

On peut à la naiffance des Vers à Soie , & jufqu'à la premiere maladie feulement , leur donner de la feuille de jeunes Mûriers qui font en pépiniere.

On doit avoir attention à ce que ceux qui ramaffent la feuille aient les mains propres , & qu'ils n'aient point touché de l'ail , du musc & d'autres odeurs fortes , & ne jamais ramasser & donner la feuille sur laquelle il est tombé une espece de rouille ou manne.

Comment il faut donner à manger
aux Vers à Soie.

LORSQUE les Vers commencent à éclore , & jusqu'à leur premiere maladie , on peut leur donner la feuille coupée assez menu avec un couteau ; on la coupera encore , mais moins menu de la premiere à la seconde maladie ; ensuite on leur la donnera entiere.

PLUSIEURS personnes dans aucun temps ne coupent la feuille ; cette

précaution n'eſt abſolument néceſſaire que dans le cas où la feuille
ſe trouveroit trop avancée & dure ;
il doit ſuffire alors de choiſir la plus
nouvelle, la plus tendre, ou celle
des Mûriers qui ſont en pépiniere.
Il eſt d'autant plus aiſé de ſe procurer
ſuffiſamment de la feuille tendre,
que les Vers en mangent fort peu
dans les premiers temps ; & d'ailleurs la feuille étant entiere, il devient plus aiſé de lever les Vers à
Soie pour les changer. Il y a même
des perſonnes qui pour les lever
plus facilement, au lieu de couper
la feuille, la jettent dans la boîte,
en petits bouquets.

Les Vers à Soie doivent toujours
avoir à manger, mais il faut faire

attention de ne point prodiguer la feuille ; il suffit de leur en donner deux fois par jour depuis la naissance jusqu'à la premiere maladie, en couvrant légérement de feuille tous les Vers à Soie.

TROIS fois par jour, depuis la premiere maladie jusqu'à la quatrieme, en augmentant toujours la quantité de la feuille, à mesure que les Vers grossissent ; ensorte que depuis la derniere maladie jusqu'à la maturité, on en met chaque fois de la hauteur de près de trois pouces, & toujours en la répandant uniment ; & on doit leur en donner alors quatre ou cinq fois par jour. On s'accoutumera aisément à connoître la quantité de feuille qu'il faut donner

chaque fois, en observant si la derniere qu'on a donnée, a été mangée
trop-tôt, ou ne l'a pas été tout à fait.
On doit avoir attention de donner
toujours la feuille aux mêmes heures,
mais en moindre quantité pendant le
temps des mues ou des maladies
des Vers à Soie : outre que cette
feuille trop abondante seroit pour la
plupart inutile & perdue, elle sur-
chargeroit & fatigueroit par son poids
les Vers à Soie, qui sont, pour ainsi
dire, alors sans mouvement. Enfin
lorsqu'ils sont dans les cabanes, il ne
leur en faut donner que très-peu à la
fois, & seulement pour couvrir ceux
qui ne sont pas encore montés, &
prendre garde en l'y jetant, de ne
pas ébranler ceux qui sont déjà

montés & qui ont commencé à
travailler.

Lorsqu'on s'apperçoit que quelques Vers sont déjà sortis de maladie,
on peut discontinuer de leur donner
à manger, jusqu'à ce que tout paroisse
sorti, ce qui arrive ordinairement
vingt-quatre heures après, si les Vers
à Soie ont été tenus également
avancés.

Au surplus on ne cesse de donner
à manger aux Vers à Soie pendant
ces vingt-quatre heures environ,
que pour retarder ceux qui sont trop
avancés, & pour donner aux autres
le temps de les atteindre : mais
comme cette privation de nourriture
aux Vers entiérement sortis de maladie, ne peut que leur être nuisible,

on

on feroit encore mieux de porter fur d'autres rayons tous les Vers à Soie qui font fortis de leur mue, afin de pouvoir alors leur donner la nourriture dont ils ont befoin.

LORSQUE les Vers font dans les cabanes, il faut leur donner très-peu à manger, & ne pas leur donner alors de la grande feuille, parce que les Vers pourroient faire leurs cocons deffus.

Des maux qui font périr les Vers à Soie.

ON a déjà obfervé que les maux des Vers à Soie leur viennent ordinairement d'une mauvaife nourriture, ou donnée mal à propos, par le trop d'humidité, par le froid, ou

par une chaleur exceſſive , d'où il
réſulte qu'on préviendra une partie
de ces maladies , ſi on pratique
exactement ce qui a été preſcrit.

Il reſte cependant à faire connoître les Vers qui ſont attaqués
de ces maux , & ce qu'on en doit
faire. Ces Vers s'appellent Vers *Gras*,
Vers *Paſſis* ou *Arpettes* , Vers *Jaunes*,
& Vers *Muſcadins*.

Vers Gras.

Les Vers Gras , qu'on peut trouver à chaque mue , n'entrent point
eux-mêmes en maladie ; au lieu de
reſter à la même place , comme ceux
qui ſont bons , qui muent & qui ſe
dépouillent , ils marchent , mangent
toujours , ne ſe dépouillent point &

continuent à groffir , pendant que les autres ne fçauroient manger. On diftingue les Vers gras en ce qu'ils font beaucoup plus blancs , qu'ils font comme onctueux, & qu'ils ont le mufeau plus étroit , plus pointu & plus luifant. Ils périffent un ou deux jours après le temps de la mue : mais comme en crevant ils faliroient les autres , ce qui leur feroit nuifible , lorfqu'ils font dans cet état , & qu'on les voit courir fur la feuille fraiche , il faut les ôter & les jeter.

Vers Maigres , appellés Paffis , *ou* Arpettes.

On ne voit guere de Vers appellés *Paffis* , ou *Arpettes* , qu'après la

troisieme ou la quatrieme maladie,
Ces Vers ceffent de manger , deviennent mous , fe rapetiffent en
tous fens de la moitié , & périffent
dans trois ou quatre jours.

Vers Jaunes.

Les Vers Jaunes ne paroiffent que
lorfque tous les Vers font prêts à
monter ; au lieu de mûrir, ils s'enflent , & il leur vient fur la tête &
le long du corps, des taches d'un
vilain jaune doré qui s'étendent &
leur gagnent enfin tout le corps. Il
faut auffi abfolument les jeter , attendu qu'en crevant ils faliroient leurs
voifins.

Vers Muscadins.

On prétend que les Vers peuvent devenir ce qu'on appelle *Muscadins*, à tout âge, c'est-à-dire, depuis leur naissance, & même lorsqu'ils sont renfermés dans leurs cocons. Ils deviennent roides, & meurent presque dans le moment. Leur couleur est d'abord d'un rouge vineux, & se change bientôt en blanc.

On n'en trouve ordinairement que peu à la fois, jusqu'au temps de la maturité ; mais le mal est presque général dans les chambrées qui ne commencent à en être attaquées que quand les Vers sont mûrs & qu'ils montent ; alors la plus grande partie périt avant que d'avoir travaillé ; &

ſi cette maladie ne leur vient qu'après avoir commencé leurs cocons , ou après les avoir achevés , dans le premier cas le cocon eſt preſque inutile , & dans le ſecond cas il rend fort peu.

Choſes nuiſibles aux Vers à Soie , & attentions recommandées.

Le froid , l'humidité , d'un autre côté la trop grande chaleur & une mauvaiſe ou trop abondante nourriture ſont très-nuiſibles aux Vers à Soie. On a déjà obſervé comment on pourroit les en préſerver.

Les vents , le bruit du tambour , des mouſquets , du canon & du tonnerre leur font auſſi du mal lorſqu'ils ſont montés , en ce qu'ils peuvent

les faire tomber. Il faut dans ces cas
avoir attention à bien fermer les
portes & les fenêtres, pour que l'air
ne foit point agité.

ON doit auffi avoir attention
pendant la monte, à marcher douce-
ment, fi les planchers ne font qu'en
planches, & s'ils font pliants, afin
de ne jamais ébranler les Vers déjà
montés ; ceux qui n'ont point commencé leurs cocons tomberoient &
ne remonteroient plus ; & à l'égard
de ceux qui auroient déjà commencé
leur ouvrage, comme le fil fe cou-
peroit par le moindre ébranlement,
ils abandonneroient leurs cocons &
ils en iroient commencer d'autres,
qu'ils ne pourroient achever, n'ayant
plus affès de matiere.

IL faut éloigner des Vers toutes fortes de fumées & d'odeurs défagréables, même celles qui font fimplement fortes, comme le tabac, le mufc, le gingembre, les épiceries, l'ail & autres odeurs.

C'EST une erreur de croire que les parfums raniment les Vers à Soie: il eft vrai qu'on les voit alors s'agiter & courir plus vigoureufement, mais ce n'eft que pour fuir des odeurs qui leur font pernicieufes, ou pour éviter une fumée qui les étouffe.

LA fumée du bois & principalement la vapeur du charbon étant fort nuifibles aux Vers à Soie, il faut avoir attention, lorfqu'on eft obligé d'échauffer l'air par le feu, de ne point faire un feu trop clair à la cheminée, ni aucune fumée ; & fi l'on met du feu dans une terrine ou réchaud qu'on promenne dans la chambre, il faut n'y mettre que de la braife bien alumée, & la couvrir même avec un peu de cendre pour empêcher toute fumée & toute vapeur.

On répétera ici qu'on ne fçauroit avoir trop d'attention à faire fortir fur le champ des chambres, les couches qui fe trouvent fous les Vers à Soie : la fermentation, principalement lorfqu'il fait chaud, occafionne une mauvaife odeur, & d'ailleurs cette fermentation échaufferoit trop la chambre.

Il faut empêcher l'entrée des lieux où font les Vers à Soie, à toutes fortes d'infectes, & principalement garantir les Vers à Soie des poules & des fouris qui les mangeroient.

ON prétend qu'une goutte d'huile répandue fur un Ver à Soie eft capable d'infecter tous les autres; ainfi il faut l'ôter auffi-tôt, de même que le papier & la feuille de Mûrier que le Ver à Soie pourroit avoir touchées.

IL fe trouve quelquefois des Vers qui ont été falis par l'eau dont ceux qui font montés fe vuident toujours avant de travailler; comme ces Vers ainfi falis ont la peau rude & n'ont point affez de flexibilité pour monter, & pour fe tourner & retourner pour former le cocon, il faut les mettre dans un baquet & les laver avec de l'eau, en les y remuant à poignée pendant quelques minutes ; on les met ensuite au Soleil pour les faire sécher, & lorsqu'ils sont secs on les transporte dans la cabane ; ils montent diligemment alors sur les rameaux.

A quoi on connoît que les Vers à Soie sont prêts à monter.

C'EST ordinairement neuf ou dix jours après la dernicre maladie que les Vers sont prêts à faire leurs cocons. On connoît qu'ils demandent à monter lorsqu'ils jauniffent un peu, qu'ils ceffent de manger, que leur mufeau s'alonge & qu'ils deviennent tranfparents & de la couleur de la foie même ; ils marchent plus vîte qu'à l'ordinaire, ils s'arrêtent de temps en temps , & on voit qu'ils contournent la tête & une partie du corps, comme pour chercher à s'appuyer. C'est alors seulement qu'il faut les porter dans les cabanes ; mais on ne sçauroit trop s'attacher à profiter du moment , & les observer d'heure en heure , même pendant la nuit ; si on tardoit trop à les y mettre , ils se racourciroient , & si on les y mettoit trop - tôt , ils ne pourroient pas y prendre la nourriture dont ils auroient encore besoin, attendu qu'on doit les mettre beaucoup plus épais dans les cabanes, & leur donner beaucoup moins de feuille.

Cabanes pour la montée des Vers à Soie.

AUSSI-TÒT qu'on voit que les Vers commencent à être prêts à monter, il faut fur le champ & diligemment faire les cabanes ; il eft même à propos d'en avoir quelques-unes de faites , & de préparer les rameaux d'avance.

LES cabanes peuvent être faites de branches de bruyere , genêt , buis ou de tel arbufte que l'on peut trouver fans épines , mais dont l'écorce foit rude , attendu que fi elle étoit unie , les Vers à Soie monteroient bien difficilement.

ON prépare les rameaux en ôtant de la tige, fur la longueur d'environ un demi-pied , tous les brins qu'il

pourroit y avoir & qui empêche-
roient les Vers de monter facilement,
& on ne laiffe que le bouquet qu'on
coupe quarrément. Et comme ces
rameaux doivent contrebuter de
haut en bas fur les rayons, il faut
que les rameaux, depuis le pied
jufqu'au fommet, foient plus longs
que les étages ou rayons ne font
diftants les uns des autres.

APRÈS avoir fait fécher tous les
rameaux & les avoir battus pour en
faire tomber toutes les feuilles, on
les range par files fur les étages.

CES files doivent être en travers
des étages, éloignées l'une de l'autre
de neuf à dix pouces, & de quatre
à cinq pouces des bords. On fait
tenir les rameaux en les appuyant par

le pied, diftants d'environ un pouce les uns des autres fur l'étage qu'on garnit , & en forçant le bouquet contre l'étage fupérieur ; mais il faut en écarter les branches & les entre-laffer avec celles d'une file à l'autre, pour qu'elles tiennent ferme. Une attention indifpenfable lorfqu'on en-trelaffe ces petites branches , c'eft qu'elles ne foient pas fi ferrées entr'-elles , qu'il n'y ait par-tout une diftance ou efpace , où les Vers à Soie puiffent commodément placer leurs ouvrages & faire leurs cocons.

LES cabanes doivent être dreffées fur des rayons ou étages qu'on aura nétoyés de leur ancienne couche ; & il faut toujours commencer par garnir de rameaux les étages les plus élevés ; fans cette précaution , il pourroit tomber de la vieille couche par les joints des planches fur les cabanes inférieures ; d'ailleurs en appuyant & en forçant les rameaux deffus , on dérangeroit les Vers qui pourroient déjà avoir commencé leurs cocons , & on pourroit peut-être même faire tomber ceux qui feroient montés & qui n'auroient point encore commencé à travailler.

Comme il fe trouve toujours des Vers raccourcis , qui auroient de la peine à monter fur les rameaux , il convient de mettre du chiendent qui foit fec , ou de petites branches , qu'on laiffe coucher dans les coins des cabanes , ou d'efpace en efpace , pour recevoir les Vers à Soie qui

ne

ne pourroient grimper fur les rameaux plus élevés.

Temps de lever les Cabanes.

Les Vers mettent ordinairement
trois ou quatre jours à faire leurs
cocons ; mais comme fur un rayon,
ou étage, ils ne montent pas tous en
même temps , il feroit dangereux
d'ôter les cabanes avant que tous
les cocons euffent été achevés , &
d'un autre côté, il ne convient point
non plus de laiffer trop long-temps
les cabanes ; mais on peut & on doit
les ôter une douzaine de jours après
que les vers ont commencé à faire
leurs cocons.

H

De la maniere de faire la Graine.

LES cocons qui font fermes, d'une Soie plus unie , plus ferrés & les plus approchants de la couleur de la tuile , font les plus propres pour en tirer la graine ; & comme la graine eft produite par les papillons fémelles , après qu'elles ont été accouplées avec les mâles , il faut y deftiner autant de cocons d'une efpece que d'autre.

ON diftingue les cocons mâles en ce qu'ils fe terminent en pointe par les deux bouts , & qu'ils font plus gros par le milieu.

CEUX des fémelles au contraire font ronds par les deux bouts , & étranglés par le milieu.

Une livre de cocons produit communément une once de graine, ce qui doit servir à se régler pour la quantité de graine dont on veut s'assurer pour la récolte lors prochaine.

Après avoir choisi la quantité de cocons nécessaires, on doit les dépouiller d'une enveloppe cotonneuse ou espece de duvet qui les couvre, ce qui donne plus de facilité aux papillons pour en sortir ; on les perce ensuite avec une éguille pour les enfiler à un fil de soie, & on suspend ces cocons ainsi enfilés pour attendre que les papillons les percent & en sortent.

Il faut être très-attentif à ne passer l'éguille que dans la superficie du cocon, afin non-seulement de ne pas percer les Vers, mais encore de ne pas introduire l'air dans les cocons.

Lorsque les papillons sortent des cocons, on les prend avec les doigts par les ailes ou par le corps, sans trop les presser, & on les porte dans une corbeille sur un morceau de drap noir, ou de quelqu'autre étoffe de laine de la même couleur. Aussi-tôt qu'ils y sont, les mâles s'accouplent avec le fémelles ; on les transporte alors tous accouplés sur un autre morceau de drap ou d'étoffe noire, ou sur du linge, & on les y laisse ensemble pendant quatre à cinq heures, après quoi on détache les mâles, qu'on jette par les fenêtres. Mais il convient de ne lever les

papillons de deſſus les Cocons &
de ne les mettre enſemble que le
matin , afin d'en pouvoir ſuivre les
opérations & de ne les laiſſer accouplés que le temps néceſſaire.

APRÈS avoir ſéparé les fémelles
des mâles , il faut placer les fémelles
ſur des morceaux de drap ou d'autre
étoffe de laine noire , ſuſpendus à la
muraille ; elles y attachent leurs
œufs , enſuite elles tombent &
meurent. Et comme il pourroit
arriver que quelques œufs ſe déta-
chaſſent , il faut avoir la précaution
de faire un repli au bas des morceaux
de drap pour recevoir les œufs qui
pourroient tomber.

LORSQUE tous les œufs ſont faits ,
on les laiſſe quelques jours à l'air

pour les laisser sécher ; on plie ensuite
les morceaux d'étoffe auxquels ils
font attachés , & on les met dans
quelque armoire ou autre endroit
fermé , jusqu'au Printemps suivant ,
qu'on les détache avec un fou marqué
pour les nettoyer & les faire éclore.
On recommande de les détacher avec
un fou marqué , parce qu'avec un
couteau on pourroit endommager
les œufs. Mais pour conserver la
graine , il faut la garantir de l'humidité qui la pourrit , de la gelée qui
tue le germe , & de la trop grande
chaleur qui pourroit la faire éclore
avant le temps.

IL y a des personnes qui croient
qu'au bout de trois ans il faut faire
venir la graine d'un autre pays ,

prétendant qu'après ce temps elle dégénere , & qu'il eſt arrivé quelquefois que la récolte a manqué par cette raiſon.

D'AUTRES perſonnes ſoutiennent au contraire que la graine recueillie dans le pays même où l'on doit élever les Vers , eſt toujours infiniment meilleure , parce qu'elle eſt comme naturaliſée au pays , au climat & aux Mûriers qui doivent nourrir les Vers qu'elle produit. On ajoute à cette raiſon que la graine qu'on fait venir des pays étrangers, ne réuſſit que très-médiocrement la premiere année ; que d'ailleurs ceux qui en font commerce , peuvent vendre de la graine de deux ans , qui par cette raiſon a perdu ſa fécondité ; qu'elle peut

provenir de fémelles qui n'ont point
été accouplées avec des mâles, &
qui par conséquent n'eft point fé-
conde ; & que d'un autre côté ceux
qui font de la graine pour en vendre,
y emploient les plus mauvais cocons.

De la néceffité de faire périr les Vers
dans les cocons , pour les conferver
jufqu'au temps qu'on tire la Soie.

COMME le papillon ne fçauroit
percer le cocon pour en fortir, fans
en rompre la contexture, & qu'alors
il n'eft plus poffible d'en tirer la
Soie , il convient d'étouffer le Ver
dans le cocon avant qu'il fe change
en papillon.

POUR cet effet , auffi-tôt que les
cocons ont été détachés des cabanes

&

& qu'on a choifi ceux qu'on deftine à faire la graine, on renferme tous les autres cocons dans de grandes corbeilles ou paniers, couverts de papier, arrêté avec une ficelle ; on met les corbeilles ou paniers dans un four immédiatement après que le pain en a été tiré ; on les y laiffe une heure ou deux, jufqu'à ce qu'on n'entende plus le bruit que ces infectes font en remuant dans leurs cocons ; & lorfque les paniers ont été retirés du four, on les enveloppe dans de groffes couvertures, pour achever d'étouffer les Vers que la chaleur du four n'auroit pas encore fait périr. Mais comme le degré de chaleur pourroit être encore trop fort à la fortie du pain, principalement si le four avoit déjà été chauffé plufieurs fois le même jour, il convient pour l'effayer, de mettre le bras dans le four, & si la main ne peut pas un petit moment en foutenir la chaleur, il faut attendre que le four foit moins chaud.

CETTE méthode a fes inconvénients : si le four n'étoit point affès chaud, tous les Vers ne mourroient point, & s'il y avoit trop de chaleur, il y auroit à craindre que la Soie ne fe brûlât.

POUR ne point s'y expofer, il y a des perfonnes qui préferent un autre moyen. Ils expofent pendant quatre ou cinq jours de fuite, les cocons à la plus grande ardeur du Soleil, & les y laiffent, chaque jour, pendant quatre ou cinq heures. On prétend que les Vers y périſſent immanquablement ; & pour plus de ſûreté, après avoir retiré les cocons ſur les trois heures après midi, on les enveloppe dans des couvertures bien chaudes, & on les porte tout de ſuite dans un lieu frais. La chaleur concentrée dans les couvertures étouffe plutôt les Vers ; elle les deſſéche entiérement, & ils ne conſervent plus aucune humidité ; au lieu que la trop grande chaleur du four fait crever le Ver dans le coçon, ce qui gâte la Soie.

L'Auteur de ce dernier ſentiment ne conſeille l'uſage du four, que dans le cas où un temps de pluie ne permet pas d'expoſer les Vers au Soleil, qui ne paroît point alors ; mais dans ce cas il recommande de ne laiſſer dans le four aucune braiſe , ni aucune cendre trop chaude , & d'avoir toujours l'attention d'ôter des cocons tout le duvet ou fleuret qui les enveloppe , ce qui ſe fait en tournant au tour des cocons avec le pouce & ſans y employer les ongles. Sans cette précaution le feu pourroit prendre aiſément au duvet dans le four ; & d'ailleurs ce duvet n'eſt propre qu'à être filé au rouet ou à la quenouille.

Fin de la Seconde Partie.

TABLE.

PREMIERE PARTIE.

DES MURIERS.

SECONDE PARTIE.

DES VERS A SOIE.

TABLE.

Fin de la Table.

ERRATA.

Page 35. *qualité*, lisez *quantité.*
Page 46. *d'élever*, lisez *de lever.*